汉族

了不起的中华服饰（下）

杨源 著／枫芸文化 绘

中信出版集团｜北京

图书在版编目（CIP）数据

了不起的中华服饰. 汉族 : 全2册 / 杨源著. -- 北京 : 中信出版社, 2023.3
ISBN 978-7-5217-4647-1

Ⅰ. ①了… Ⅱ. ①杨… Ⅲ. ①汉族－民族服饰－服饰文化－中国 Ⅳ. ①TS941.742.8

中国版本图书馆CIP数据核字(2022)第235691号

了不起的中华服饰 · 汉族（全2册）

著　　者：杨源
绘　　者：枫芸文化
出版发行：中信出版集团股份有限公司
（北京市朝阳区东三环北路27号嘉铭中心　邮编　100020）
承 印 者：北京瑞禾彩色印刷有限公司

开　　本：787mm × 1092mm　1/16　　印　　张：9　　字　　数：200千字
版　　次：2023年3月第1版　　印　　次：2023年3月第1次印刷
书　　号：ISBN 978-7-5217-4647-1
定　　价：90.00元（全2册）

出　　品：中信儿童书店
策　　划：神奇时光
策划编辑：韩慧琴　徐晨耀
责任编辑：韩慧琴　李银慧
营销编辑：孙雨露　张琛
装帧设计：李然　程心
排版设计：杨兴艳

序

中国是一个多民族的国家，在长期的历史发展中，各民族共同创造了璀璨辉煌的中华文明。各民族丰富多彩的传统服饰文化，体现了中华文化的多样性。

中国的民族服饰不仅在织绣染等工艺上技艺精湛，而且款式多样、制作精美、图案丰富，更是与各民族的社会历史、民族信仰、经济生产、节庆习俗等层面有着密切联系，还承载着各民族古老而辉煌的历史文化。

中国民族服饰的发展呈现了各民族团结奋斗、共同繁荣发展的和谐景象，也是当今中国十分具有代表性的传统文化遗产。

“了不起的中华服饰”是一套讲述民族服饰文化的儿童启蒙绘本。本系列图书以精心绘制的插图，通俗有趣的文字，讲述了中国十分有代表性的民族服饰文化和服饰艺术，也涵盖了民族的历史、艺术、风俗、民居、服装款式、图文寓意和传统技艺等丰富的内容。孩子们不仅可以在本套绘本中进行沉浸式的艺术阅读，同时还能学到有趣又好玩的传统文化知识。

明代服饰

明太祖朱元璋建立明朝，整改官服制度，下诏“复衣冠如唐制”，但此举当时未能真正实行，只陆陆续续确定了主要服饰，影响了后世数百年。明初，承袭唐宋时期的幞头、圆领袍衫、玉带，奠定了明代官服的基本风貌，并制定了明确的服装仪制来区分官员品级。由于明代推广种植棉花，棉布得到普及，百姓的衣着也更加丰富。

穿常服的明成祖朱棣

穿衮服的明英宗朱祁镇

明代男子官服主要有衮服、朝服、公服、常服等。普通百姓穿着袍裙、短衣。

衮服是明代皇帝专属礼服。朝服是大祀、庆典、朝见时穿的礼服，皇帝的朝服称为龙袍。

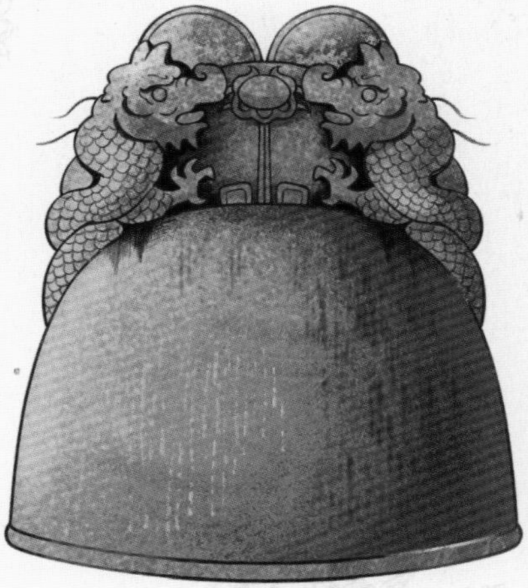

金丝翼善冠

乌纱翼善冠

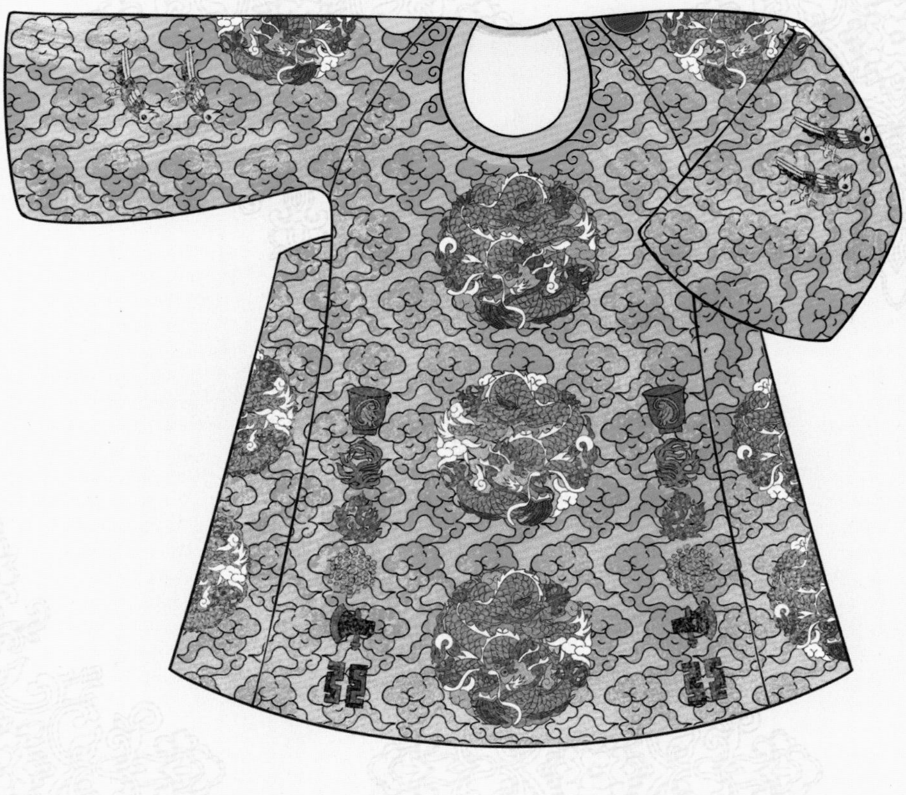

皇帝十二章纹衮服

公服和常服也都是官服。官员们在早晚朝奏、见辞、公务时穿公服——戴展翅漆纱幞头，穿圆领袍，系革带，登皂革靴。常服是日常穿着，由乌纱帽、圆领袍和革带等组成。

官服麒麟袍

官服织金蟒袍

穿官服的抗倭名将戚继光

杨馆馆：明代的官帽大体继承了宋代的样式，官员的官阶与幞头、展角的长度无关。

乌纱帽

文一品官补服

明代官服在胸前及后背缀补子，以区分等级。明代补子以动物为标志，文官绣禽，武官绣兽，以示差别，因此官服又名补服。

明代，乌纱帽被确定为官帽，形状也较之前发生了变化，不再是民间常见的用一块纱巾裹在头上，而是与唐宋时期的“幞头”相近，前面是半圆的顶，后脑部位是突起的后山，前低后高，两旁有展角，以纱为外表，涂以黑漆。

戴乌纱帽、穿圆领补服的一品文官

杨馆馆：明代一般男子的服饰

明代一般汉族男子的服饰有袍、裙、短衣、裤、罩甲（马甲）等。举人士者穿斜领大襟宽袖长衫，头戴儒巾，腰束素丝织带，穿布鞋。农人穿短衣长裤或短裙。

男子布鞋

穿短衣、裙、裤的农人

戴儒巾、穿宽袖长衫的士人

鞋履

明代女子的鞋履主要有高跟鞋、尖头弓鞋、凤头弓鞋，其中高跟鞋是明朝兴起的女鞋。

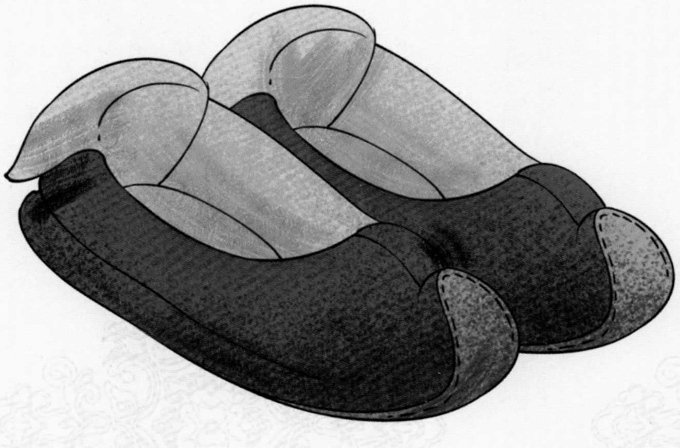

尖头弓鞋

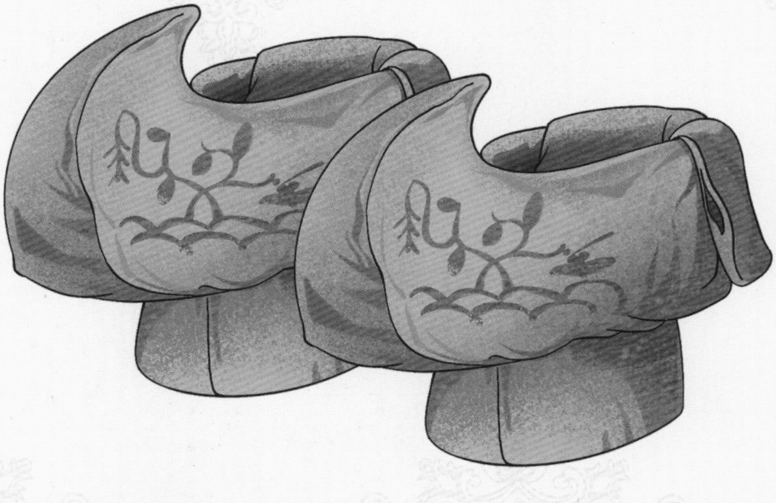

缎绣高跟鞋

女子服饰

明代女子服饰有礼服和常服两类。

礼服是皇后、皇妃和有封号的妇女的礼服，大多是朱红色大袖袍、深青色背子、彩绣霞帔、珠玉金凤冠。

后妃霞帔

穿大袖袍、霞帔，戴珠玉金凤冠的贵妇

礼服

常服是贵族妇女的便服及平民女子的服装，主要有衫、袄、裙、背子、帔子、比甲等。日常穿衫、袄和裙，外面穿直领对襟的背子或比甲。背子与长裙相配，以修长为美，是明代女子的典型服式。上衣下裳的搭配，通常是衣短裙长，或者衣长裙阔。

梳丫髻、戴金冠饰、穿窄袖背子、披帔子的宫女

穿襦裙及腰裙的仕女

襦裙及腰裙

窄袖背子

宽袖背子

穿比甲的女子

比甲

杨馆馆：盛行一时的比甲

比甲原本是元代蒙古族的长坎肩，后来传到中原，汉族青年女子也喜欢穿，明代中期穿比甲成风。比甲样式是对襟无袖无领，长至膝盖，领襟绣花装饰，两襟之间有带子系合，大多穿在衫裙的外面。

明代女装还有一种典型服式，是用各种彩色碎布片拼缝而成的“水田衣”。这种拼布技艺始于唐代，流传至今。如果是从亲朋邻里家各取一块布片，拼缝成一件给孩子的衣服，就成了儿童“百家衣”，意在保佑孩子平安长大。

百家衣

水田衣

清代、民国服饰

清代是我国少数民族满族建立的王朝，在服饰制度上坚守满族传统，并要求汉族遵从满族服制。汉族人民极力反对，后来在“男从女不从”的清代服饰规范下，汉族男子剃发易服，服式与满族男子相同，汉族女子仍保持汉族传统服饰。

绛红缎绣云龙海水江崖纹龙袍

清代汉族男子穿长袍马褂、帽、靴，以及袄、裤。窄袖筒身，用纽扣系衣襟。

长袍既可作为官服也用于常服。官服中长袍分龙袍和蟒袍，以龙袍为贵，为皇帝专属，蟒袍是官吏与命妇所用。龙袍外套穿补服（外褂），称为公服，上朝及公务时，满汉官员都可以穿用。常服是大襟长袍，素面没有刺绣，人们外套马褂，戴瓜皮帽。长袍是汉族男子的正装服式。

官帽

穿二品狮子补服的武官

补服是清代官服中重要的公服，圆领对襟，袖端平，满汉官员通穿，因绣有补子而得名。补子有文武之别。文官的补子图案用飞禽，以示文明；武将的补子用猛兽，以示威猛。

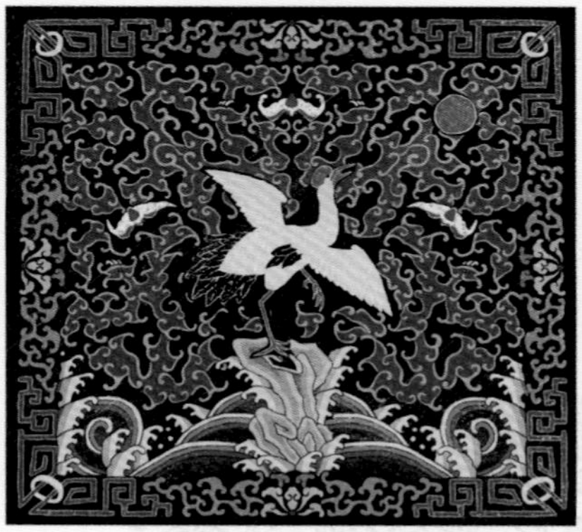

一品文官仙鹤补子

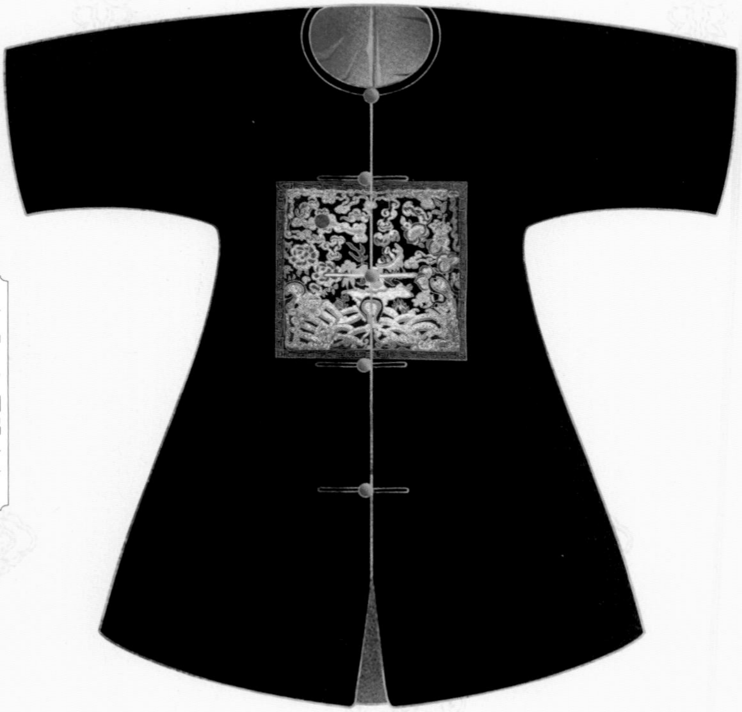

石青缎文官补服

杨馆馆：清代补服上的各类补子

补服是清代的礼服，又是清代官服。补服的主要特点，是用装饰于前胸和后背的“补子”的不同纹饰来区别官位高低。清代文武官员分为九品，补子有文补和武补之分。

清代文官补子纹样为：一品仙鹤，二品锦鸡，三品孔雀，四品云雁，五品白鹇，六品鹭鸶，七品鸂鶒，八品鹌鹑，九品练雀。

清代武官补子纹样为：一品麒麟，二品狮子，三品豹，四品虎，五品熊，六品彪，七品彪（同六品），八品犀牛，九品海马。

褂是清代汉族男子的主要上装之一，又称“马褂”，通常在正式场合穿。马褂配长袍是清代汉族男子的经典服饰，并延续到民国。瓜皮帽因其外形像西瓜而得名，兴于明代，盛于清代和民国时期，是这一时期的经典小帽。汉族男子日常穿宽腰长裤，扎裤脚，或穿膝盖下收紧的灯笼裤，穿白布袜、青布鞋。

杨馆馆：小朋友们，你知道清代官员的冠帽吗？

清代官员的冠帽，帽顶披红缨，顶珠花翎，又称为“缨帽”。冠帽分为冬天戴的暖帽和夏天戴的凉帽两种。暖帽的帽檐翻折向上两寸宽，以缎为顶，以皮或绒为檐。皮以貂鼠为贵，海獭、狐亦可。普通官员戴剪绒暖帽。凉帽，也称纬帽，多由藤丝、竹丝制成，圆形帽顶披红缨。无论暖帽还是凉帽，皆以顶珠花翎区别官职高低。

女子服饰

清初汉族女子服饰沿袭明制，服式有官家与平民之分。其后在满汉融合中逐渐演变出清代服饰特色。

清代汉族女子盛行穿袄和裙，上穿右襟大袄，下穿百褶长裙。在领襟、袖口、下摆、裙边等地方绣花镶绲边，这是汉族女子服饰的一大特色。

穿冠服、霞帔的一品夫人

霞帔

袄裙和褂裙是清代汉族女子的特色服饰，其中马面裙是清代汉族女子最典型的裙款，既可以作为礼服也可以作为常服。凤尾裙是清代汉族女子的礼服裙，穿在马面裙的外面。裙身有 8 至 12 条彩色裙带，因形状似凤尾而得名。

穿宽边大袄、马面裙的女子

宽边对襟褂、马面裙

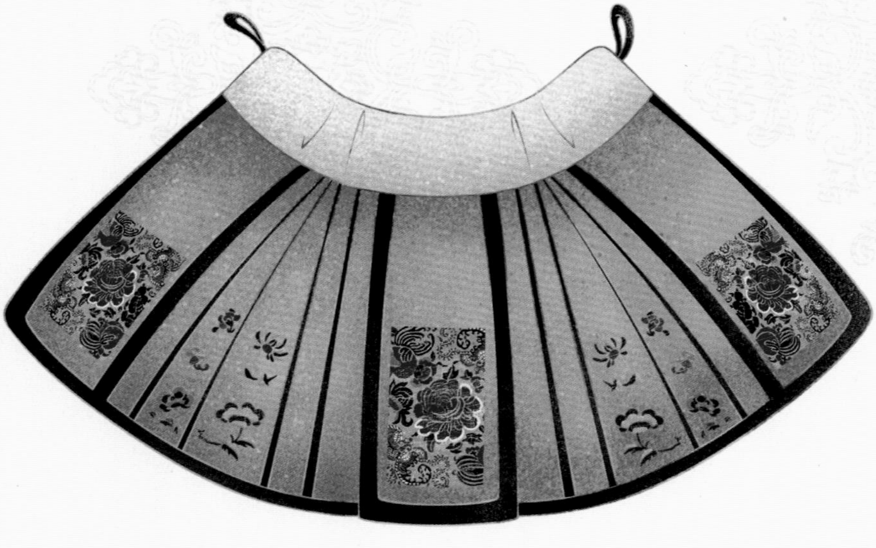

黄缎绣瓜瓞绵绵镶边马面裙

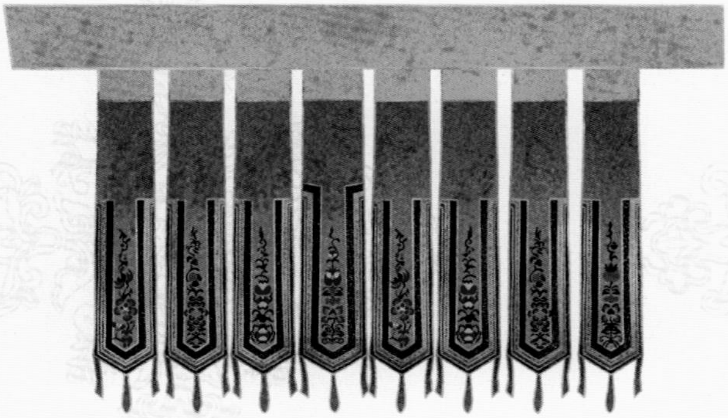

水绿绸绣花鸟凤尾裙

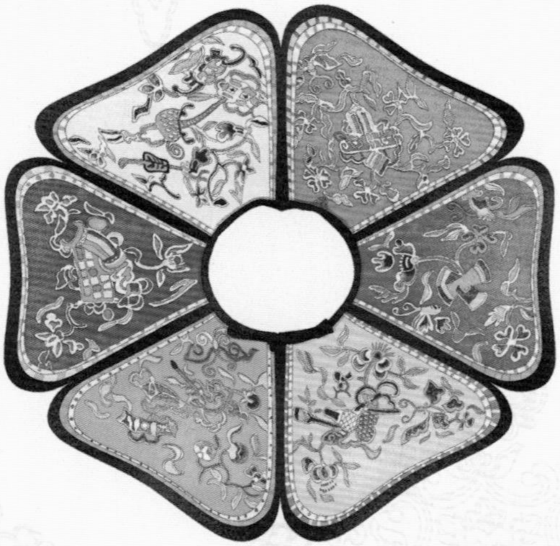

缎绣花卉杂宝纹云肩

打籽绣瓜瓞绵绵图纹

云肩是清代流行的佩饰，绣工精细，汉族女子盛装时披在肩上。因形状似如意而被称为如意云肩。

披云肩的妇女

四合如意绣花云肩

清代汉族女子保留着本民族发型，发髻上装饰有各种首饰。

妇女发饰

金丝点翠镶宝石发簪

中山装

民国是中国服装史上承前启后、融贯中西的重要时期，兼容了西式服装和中西合璧式服装，使中国服装从传统走向现代。在民国服装中，具有代表性的服装是具有中西文化交融特色的中山装、旗袍和文明新装，其中最为经典的女装是二十世纪三十年代的旗袍，深受东西方女性青睐，被西方称作“Chinese dress”，享誉海内外。

孙中山先生亲自倡导设计的中山装，具有深刻寓意和全新款式。当时规定中山装为文职官员的公服。

中山装

穿长袍马褂的绅士

杨馆馆：中山装的寓意

中山装前襟四个明袋寓意国之四维（礼、仪、廉、耻）；倒山形袋盖称为“笔架盖”，寓意以文治国；前襟五颗扣子寓五权分立（行政、立法、司法、考试、监察）；袖口上的三颗扣子寓三民主义（民主、民权、民生）。

旗袍

长袍马褂仍然是民国时期汉族男子的日常服饰，与西式洋装并行。

中国旗袍是在传承了清代袍服的中式元素，借鉴了西式服装的立体结构，交融了东西方服饰文化观念的基础之上，逐渐形成的风格雍容华贵、曲线简洁流畅、制作工艺精良、兼容东方魅力和西方时尚的华服。在中国服饰史上，任何一种服装都没有像旗袍这样彰显女性风采，引领中国时尚，百年不衰，因此被誉为“百年旗袍”。

绅士穿长袍，也流行穿西装。旗袍、洋装也是民国时期的经典着装。

穿洋装的民国绅士、女性

民国时期新式旗袍是传承了清代满族旗装的元素，融合西方女装理念而兴起的女装，典雅华美，成为时代女性的时尚装扮，并一直流传至今。

烫发，穿旗袍、高跟鞋的摩登女性

身穿旗袍的女性

穿大袖旗袍的女性

文明新装

社会的发展及新文化的孕育，改变了中国人的衣着观念。随着新文化运动出现的“文明新装”，以其清新、简洁的风格成为知识女性的时代新装。

身着『文明新装』的女子

『文明新装』

杨馆馆：引领时尚的“袄”

清代早期的袄有单袄、棉袄、皮袄，式样宽大，用绸缎缝制，装饰讲究，镶绲花边，展现了汉族妇女精湛的手工装饰技艺。清末民初，受西式服装影响，北京、上海等城市开始流行腰身窄小的立领大襟袄，注重修身，被称为“文明新装”，成为新一轮的时尚。

丝绸王国

中国自古以“衣冠王国”和“丝绸王国”闻名于世，服饰与丝绸有着密不可分的联系。中国是丝绸的发源地，有 5000 年的丝绸科技史，“丝绸之路起源于中国”。古代中国沿着一条丝绸之路，向世界展示了中国丝绸之美和灿烂的华夏文明。

中国是世界上最早养蚕制丝的国家。早在新石器时代晚期，中国先民就已成功地驯化了野生桑蚕，使其成为可以饲养的家蚕，并利用蚕所吐的蚕丝作为原料，织造丝绸织物。

南宋吴注本《蚕织图》中的采桑场景

浙江吴兴钱山漾遗址出土的绢片

新石器时代出土的葛布的残片

丝织历史

中国纺织历史悠久。黄帝时期，葛布已被广泛使用，可以说是最早的纺织服装面料。我国考古发现的葛布，是在距今 6000 年左右的苏州市吴中区草鞋山新石器时代遗址出土的三块葛麻纤维纺织物残片。

丝织历史同样悠久，传说黄帝正妃嫘祖发明了养蚕治丝，并教民种桑育蚕，被后世尊为先蚕（蚕神）。人们在山西夏县灰土岭发现的蚕茧距今 6000 年左右，发现的最早的丝织物距今约 5000 年。

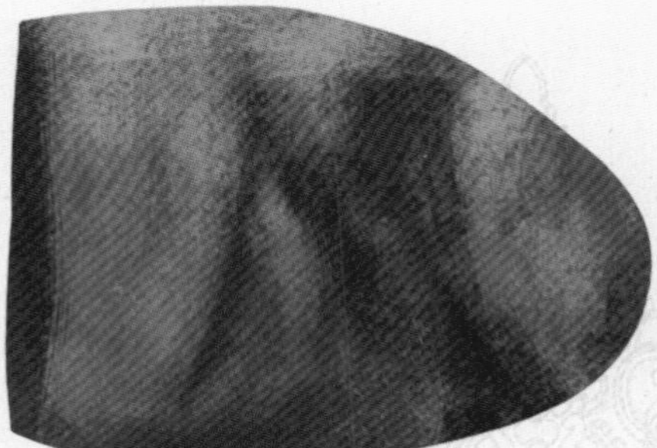

山西夏县灰土岭出土的半个蚕茧

公元前二十一世纪，夏代王宫中已有养蚕女工，商代更进一步，设有称“女蚕”的女官来掌管桑蚕生产，隆重的蚕祭也随之出现，神圣的蚕纹成为青铜器的纹样装饰。周代起广种桑蚕，王后亲蚕成为典章制度，政府设专管桑蚕丝织的官吏和部门。

商代青铜器上的蚕纹

公元前八世纪，齐鲁一带已发展成为丝绸生产中心，丝绸的使用由宫廷扩展到民间，南北各地通过技术交流，丝织技艺普遍提高，丝绸产品种类丰富。西周至春秋时期，质地轻柔、色彩华美的丝绸被大量用作贵族礼服。

南宋吴注本《蚕织图》中的络丝场景

明代宋应星《天工开物》中的经耙场景

东汉瑞兽行云纹经锦

两汉时期是中国丝绸织造的繁荣期，丝绸提花机的构造和提花技术都有了重大进步，丝绸精美，种类丰富，并形成了汉式织锦的独特风格。汉服代表作有西汉时期的朱红菱纹罗曲裾式丝绵袍等。

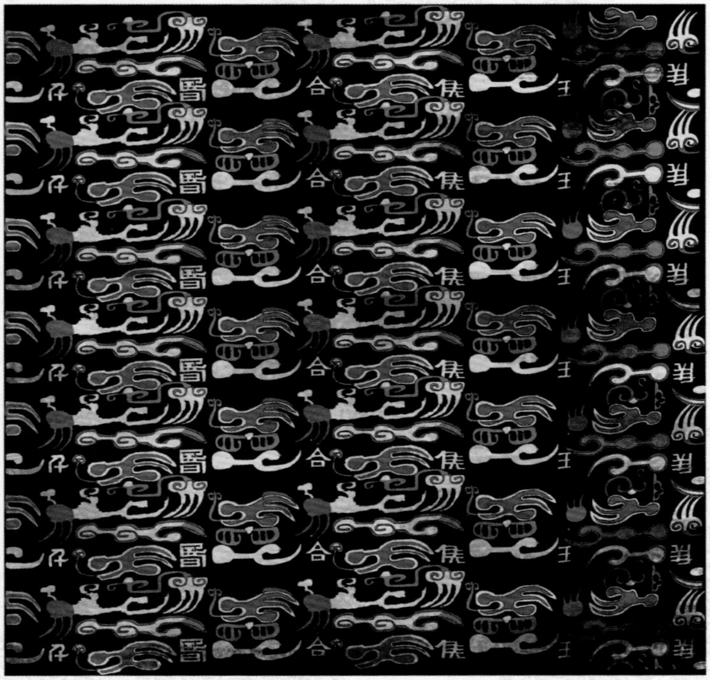

汉代『王侯合昏千秋万岁宜子孙』锦衾

西汉朱红罗菱纹曲裾式丝绵袍

汉代交领右衽方格纹锦袍

隋唐时期丝绸织造承袭了汉代，但工艺更精细，品种更丰富，织造规模更大。丝绸印染已有防染印花、直接印花和扎经染花等方法并流传至今。唐代织锦有斜纹经锦、斜纹纬锦、晕涧提花锦等高级品种，使唐代丝绸服装显得雍容华贵、绚丽多彩，烘托出盛唐文明的风采。

唐代宝相花斜纹纬锦

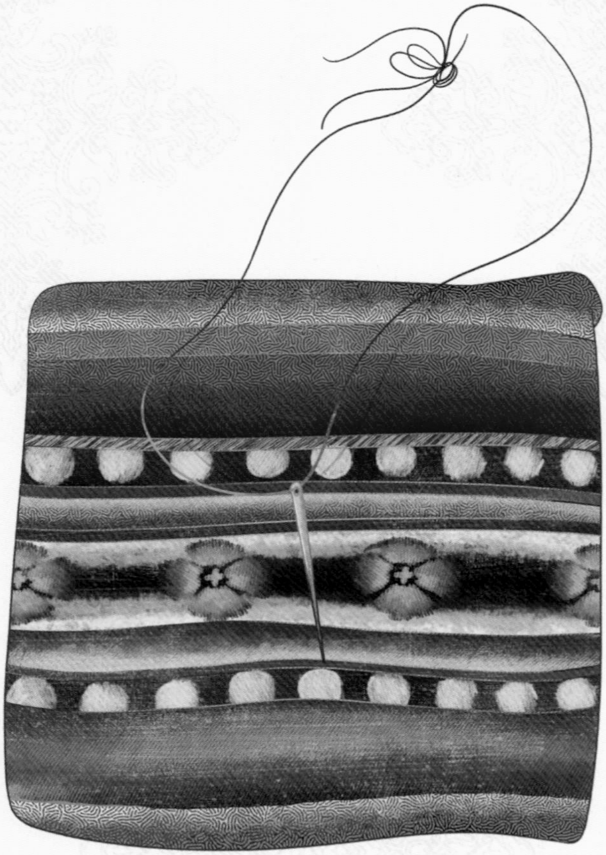

唐代晕涧提花锦针线袋

“丝绸之路”使中国丝绸远销欧洲，虽价格贵如黄金，但仍然受到欧洲人的喜爱。古希腊人称丝为赛尔（ser），称中国为赛里斯(Seres)，“丝国”之意。丝绸是中国对人类文明发展的重大贡献。

唐代宝花鹿纹锦

唐代宝相花水鸟纹印花绢

丝绸种类

古代丝织品主要有织锦、缂丝、各类缎织物和绸、绢、纱、罗等，其中以妆花、缂丝最为名贵，以锦缎最为丰富，以绸、绢、纱、罗最具特色，这些皆是制作服装的上好衣料，彰显了5000年来中国丝绸的五彩缤纷和传统服饰的绚丽多彩。

唐代红底花鸟纹蜀锦

清初蔓草纹蜀锦

锦是指采用在缎纹地上多彩提花工艺织造的精美丝织物，最为知名的品种有蜀锦、宋锦、云锦，称为三大名锦。蜀锦兴于春秋战国而盛于汉唐，因产于蜀地而得名，是汉唐时期“丝绸之路”的主要商品。蜀锦花纹艳丽，织造精细，很适合做衣料。宋锦始于宋代末年，产于苏州吴江，花纹图案以花中套花为特色，有“锦上添花”的美誉，驰名中外。云锦产于南京，以彩丝金银线织造，故而华美。妆花缎是云锦的重要品种，缎色华丽，纹饰精致，明清时期的龙袍面料代表妆花缎织造的最高水平。

明代盘绦花卉纹宋锦

清初明黄色妆花缎龙袍

缂丝始于唐，盛于宋元明清，是中国丝绸中最为经典的一种以挑经显纬呈现、极具欣赏价值的丝织品，可摹缂工笔山水花鸟画，惟妙惟肖，把丝织技艺推向又一高峰。宋元明清时期，缂丝都是皇家御用织物，缂丝的织成衣料，由苏州织造完成。

清代缂丝八团梅兰竹菊纹吉服

北宋紫鸾雀纹缂丝

南宋缂丝《茶花图》

绸、绢、纱、罗对于古人来说，是极好的丝织面料。绸绢有宁绸、宫绸、纹绫、花绮、暗花绢、织金绢等十多个品种，宁绸、宫绸多用作袍褂面料，纹绫、花绮、绢多用作夏季衣物面料。

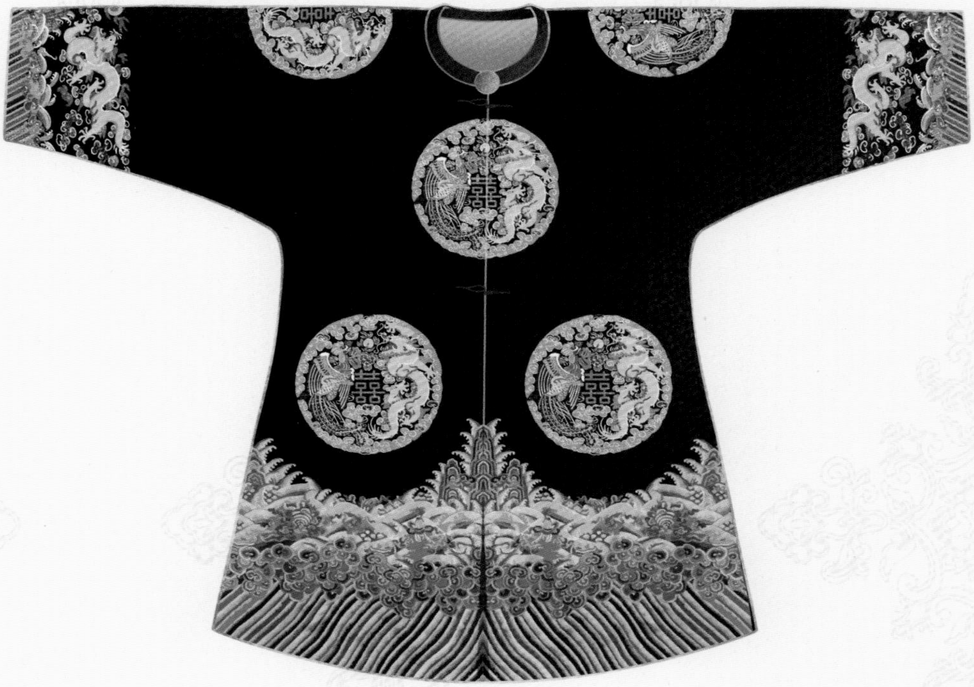

清代宫绸绣八团龙凤喜褂

清代万寿纹宁绸

纱罗品种有绉纱、妆花纱、花罗、金银罗等，纱罗主要作为夏季袍褂衣物面料。

南宋牡丹花罗坎肩

南宋紫灰色绉纱镶花边窄袖背子

明代云鹤纹妆花纱

缎织物在明清时期成为主流。清代的缎织物最为华美，名目之多，花色之丰富，达到历史新高峰。缎的种类有暗花缎、织金缎、双色缎、漳缎、贡缎等三十多个品种，极大地丰富了丝绸服装面料的种类。如行云团龙暗花缎、云纹暗花缎、团龙暗花缎都是清代重要的服装面料。

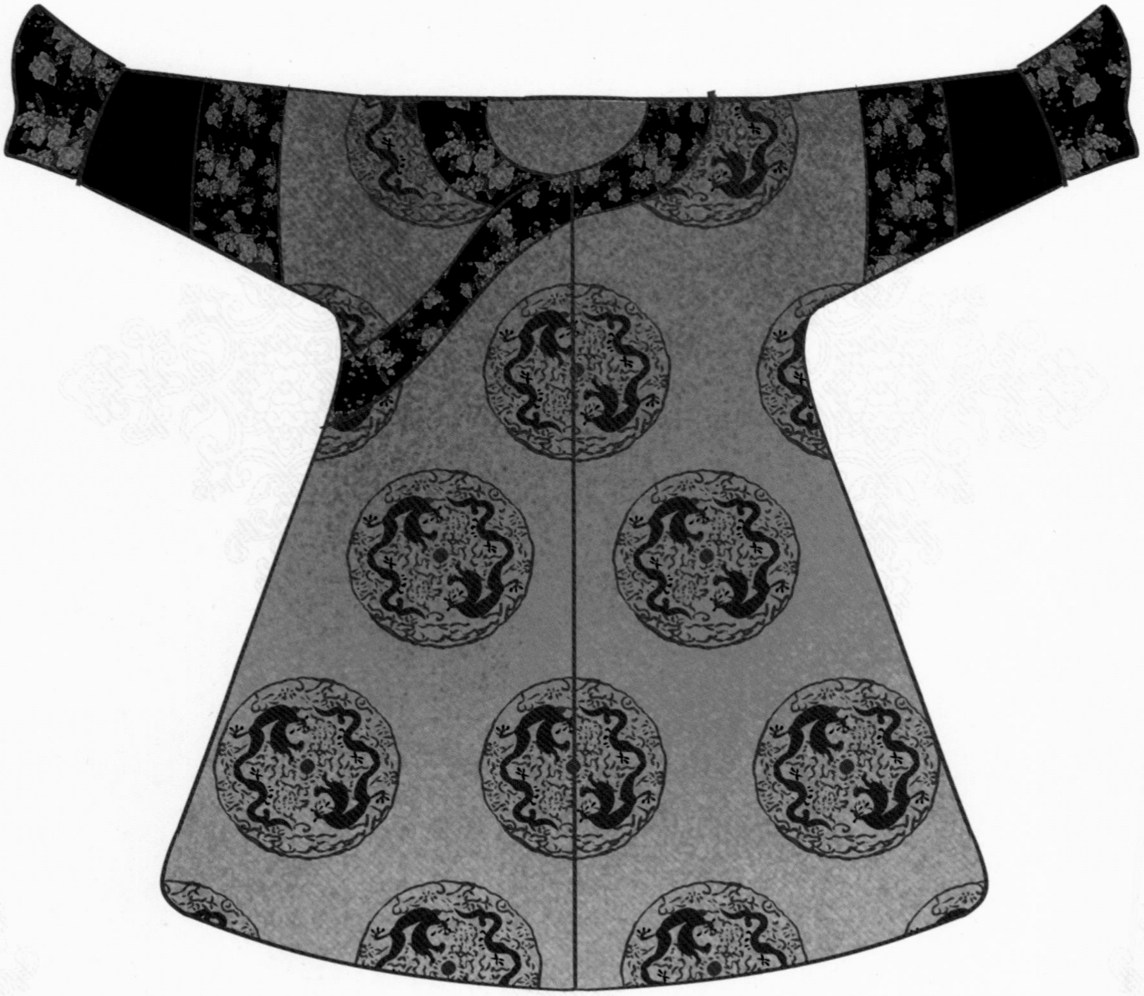

清代团龙暗花缎女常服袍

清代暗花缎如意肩绣花女袄

明代缠枝莲双色缎

明代升降龙四合如意云纹织金缎

杨馆馆：汉至唐时期的织锦花纹

汉代至隋唐时期，中国丝绸织造不仅种类丰富、工艺精湛，织锦图纹也形成了独特风格。寓意吉祥的“万世如意”“五星出东方利中国”等织锦铭文，既展现了丝绸织造的高超技艺，也反映了汉至唐精神文化的内涵和人们对美好生活的追求。随着丝绸之路带来的中西文化交流，形成了双狮、双羊、对雁、飞马等联珠纹锦，并从联珠团花发展到宝相花纹，还创造了大唐新样“陵阳公样”纹，使中国丝绸纹饰更加丰富多彩。

“五星出东方利中国”纹锦护臂

唐代“陵阳公样”纹锦

汉族在长期的历史发展中创造了丰富多彩的服饰文化，以服饰的造型美、工艺美、装饰美、丝绸美，彰显了历朝历代服饰的艺术风貌，使服饰成为珍贵的文化遗产。可以说，历代汉族服饰成就了一部恢弘的中华服饰发展史。

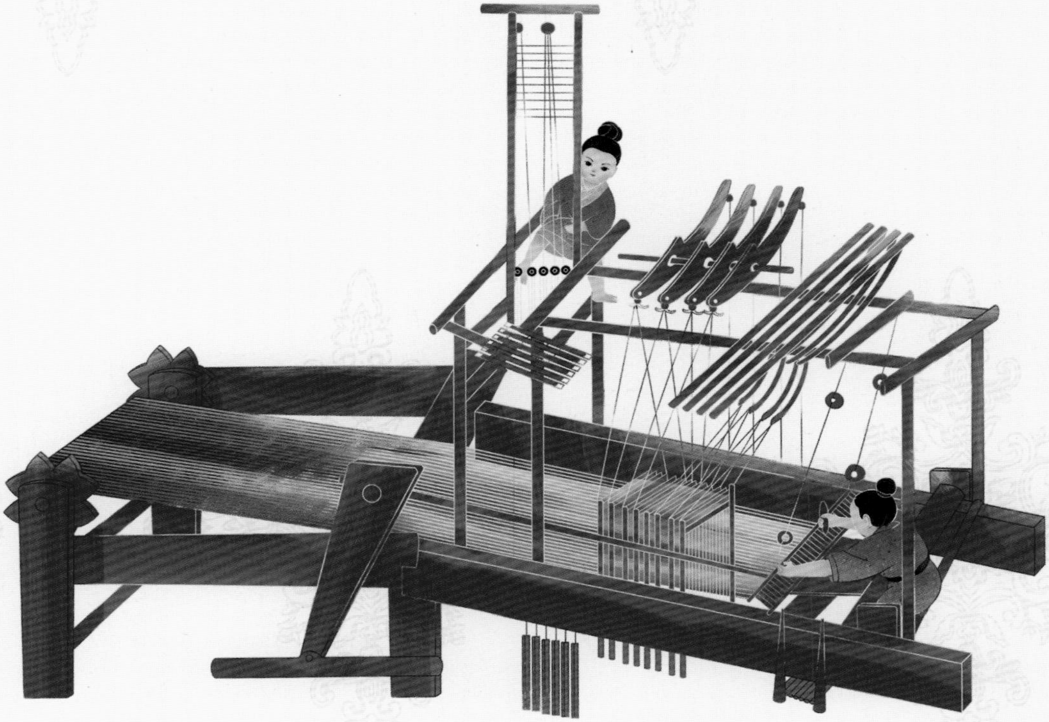

《天工开物》中的花楼提花织机

杨馆馆：古代提花织机

中国古代织机与织造技术是中国古代科技的重要组成部分。中国丝绸的织造技术主要体现在提花织造技术上。在丰富的出土或传世的丝绸文物中，提花丝织物数量最多，有暗花织物、织锦与妆花织物等，尤其是明代妆花（云锦的一种）织物，采用了最具特色的丝绸提花技术，显示出高超的提花织造水平。明人宋应星在《天工开物》中，将其所知所见的花楼提花织机的机式做了全图记载以及提花技术的呈现，使我们对古代提花的织造技术能有清晰的认识。

节日习俗

春节

春节是中国民间一年中最隆重的传统节日。时间在农历正月初一。汉族地区，节日活动从除夕持续到正月十五。家家户户打扫卫生，置办年货。人们身着盛装，合家团聚，拜谒尊长，吃团圆饭；贴春联，放爆竹，舞狮子，舞龙灯，串门拜年等。

传统节日习俗与服饰装扮密切相关。

人们在过年时，从头到脚都要打扮得漂漂亮亮的。除了新衣服，还要有各种漂亮的饰品，意在纳福迎春，祈盼新年吉祥和美。

明代金鱼葫芦型耳坠

穿新衣、戴头花的清代少女

明清时期春节盛行的装扮是“辞岁小葫芦，迎新梅花妆”。女子们讲究佩戴小葫芦耳坠，点梅花妆，以迎接春节的到来。另外，无论男女，插冠、挽髻的簪钗上也都要挂个小葫芦作为垂饰。葫芦谐音“福禄”，也象征长寿多子。因此，岁岁年末大家都要佩戴小葫芦，以此寄托祈福纳祥的心愿。

关于梅花妆有一个脍炙人口的故事。有一年的正月初七，南朝宋武帝的女儿寿阳公主在宫殿檐下小憩时，一朵梅花落下，贴在了她的额头上。待公主醒来时，发现这朵落花拂拭不去，直到三天后才被洗掉。这个奇迹轰动了整个皇宫，妃嫔、宫女们都觉得眉心有梅花印迹的公主实在美丽，于是纷纷用绢罗剪成小花贴在各自的额头上，由此形成了梅花妆，后又流行于民间。

饰梅花妆的女子

古代汉族女子在春节都有戴头花的习俗。在除夕这天，各年龄段的女子都要戴花。未婚女孩会戴很多像戏装头饰一样的色彩鲜艳的绢花，新婚第一年的女性戴的绢花更多，突出一个喜字。已婚妇女只戴一朵叫“聚宝盆”的绒花，三四十岁的妇女戴“荣华富贵”绒花，四五十岁的妇女戴“恭喜发财”绒花，六十岁以上的妇女戴“长命百岁”绒花，都寓意着吉祥、福气、长寿。

『聚宝盆』绒花

绢花

『荣华富贵』绒花

我国很多地区至今还保留着过春节时给幼童戴虎头帽、穿虎头鞋的传统习俗。正月初一时给孩子穿戴上。因为虎是百兽之王，所以人们相信虎头鞋帽可以护佑孩子健康成长。

虎头鞋

虎头帽

宋代妇女有正月初一戴冠梳的习俗，寓意新年吉祥。冠梳是由漆纱和珠翠制成的冠，上插白角长梳，外形美观，深受妇女喜爱。

戴冠梳的宋代女子

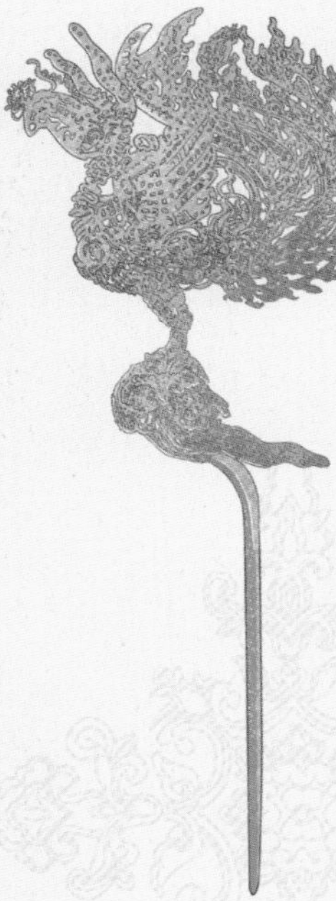

宋代金钗

银鎏金蛾子头饰

梅蝶嵌玉金簪

银鎏金蝴蝶头饰

端午节

说起端午节的传统习俗，我们所知道的与服饰有关的就是在衣襟上挂香包了。其实在宋代过端午节，人们要佩挂珠符袋，袋里还放有一颗大珍珠，有吉祥寓意。女子还要在簪头系一个彩色绢罗制作的彩符，叫作“钗符”，戴在发髻上，更添吉祥寓意。

南宋端午节珠符袋与金钗

在古代，端午节还有给儿童系五彩绳的习俗。这一习俗也流传至今。端午节当天，各家大人清晨的第一件事，就是给儿童系红、黄、白、黑、青五彩绳，表达祈福纳吉的美好寓意，期望保佑孩子平安长大。五彩绳由我国古代的五行观念演变而来，端午节天地纯阳，正气极盛，借助天地纯阳正气辟邪是端午节的传统习俗。

五彩绳手环

在明清两代，在端午节除了系五彩绳，还给孩子们佩戴长命锁，有辟邪纳祥之意。

佩戴长命锁的童子

清代银錾花长命锁

古代，端午节是换穿夏季服装的日子。人们都要在这天收起春装，改穿适合新季节的服饰。杜甫写有一首《端午日赐衣》："宫衣亦有名，端午被恩荣。细葛含风软，香罗叠雪轻"。诗中说，端午节这一天，他作为百官中的一员，享受到获赐精美夏服的福利，对圣恩充满感激。处于皇家工坊的夏服既有丝织的纱罗，也有细软的葛纱，都是重要的夏季服装面料。

穿纱罗夏袍的清代官员

七夕是中国传统节日，这一天的主角是女子，尤其是未婚少女，因此也叫少女节、女儿节等。古代，七夕这天有一个重要活动，那便是“月下穿针”，也称作七夕赛巧斗穿针。

七夕节穿针活动最大的特点就是在月光下进行，女孩们全凭在日常女红劳作中练就的灵敏手感，依靠手指对针线的熟悉和掌控来完成引线入针的动作。

杨馆馆：什么是女红？

女红是指古代女子所做的纺织、刺绣、缝纫等手工及其成品。“女红”最初写作“女工”，后来随时代发展，人们更习惯用“女红”一词指代从事纺织、缝纫、刺绣等工作的女性工作者。人们将“红”视为“功”的异体，“女功”的本义被转移到“女红”一词上，因而“女红”中的红字念“gōng”。

穿上美丽的汉服

汉族服饰的总体风格是以清雅平易为主，讲究天人合一，其中袍服最能体现这一风格。袍服的主要特点是宽袍大袖，褒衣博带，线条柔美流畅。袍服充分体现了汉族柔静安逸、娴雅超脱、泰然自若的民族性格，以及含蓄委婉、典雅清新的审美情趣。

好啦，现在就让我们欣赏一下汉服的美吧。

第一步

穿直裾衬袍

第二步

外罩燕尾束袖曲裾袍

汉代士人

汉代士人戴进贤冠，内穿直裾袍服，外罩燕尾纱衣，束革带，腰间佩玉饰、长剑，彰显了汉代文武并重的特点。

汉代士人服饰穿戴步骤如下：

宋代女性

宋代，祎衣是贵重的皇后礼服，织绣精美，祭祀或大典时穿用。

穿着时头戴凤冠，内穿纱罗中单，系腰带，佩玉绶环，下穿青舄。

祎衣穿戴步骤如下：

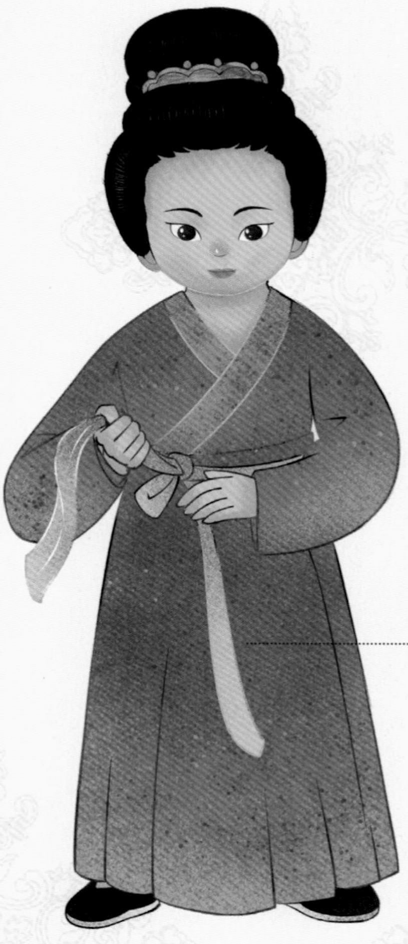

第三步
佩戴项饰
第四步
佩戴头冠或头饰

描一描，涂一涂

唐代鸳鸯瑞花纹双色锦图案

唐代联珠对雁纹锦图案

明代织金锦鸾凤牡丹纹图案